U0893658

资深阅读推广人　怪兽叔叔

孩子是父母的“心肝宝贝”，但怎样教导孩子认识身边潜伏的危机？如何提高警觉，加强保护自己的能力？可白老师这套《保护自己有绝招》共教给孩子“48招必备防身秘籍”，让小朋友学会运用智慧随机应变，化险为夷，绝对是父母的好帮手！当然这套书也需要父母陪孩子一起看，一起讨论，给予具体的指导，这样孩子才能保护自己，让父母不再担心。

儿童文学作家　方素珍

打开电视新闻，时常会见到孩子意外受伤、被骗受害，甚至受虐等报道，真的很让人心痛，也不禁让人怀疑：身为大人的我们，对此究竟能做些什么？很高兴看到可白的《保护自己有绝招》全新版本。这套书多年来就像都市生活的小百科，引导天真可爱的孩子拥有危机意识，并学会一些自救本领，是有小孩的家庭必备的亲子防身宝典！

亲子教育作家　张贵勇

这套《保护自己有绝招》是一份贴心而周到的成长礼物。作者可白由于有着切身经历，拿出极大的诚意与心力调查、研究孩子成长过程中可能遇到的安全问题，因而书中无处不蕴藏着一位母亲的爱心与耐心、一位教育者的责任感与使命感。怀着保护每个孩子健康成长、每个家庭团圆幸福的初衷，作者创作了这本适合孩子阅读的安全防护图书，小到家用电器的处理、夜间出租车的乘坐原则，大到公共场所的安全隐患、校园欺凌的应对方法，各种安全问题条分缕析，几乎面面俱到，俨然一本全方位的避险指南。

图书在版编目（CIP）数据

保护自己有绝招.③，户外安全/可白著；徐建国绘.--乌鲁木齐：新疆青少年出版社，2020.4
ISBN 978-7-5590-5926-0

Ⅰ.①保… Ⅱ.①可… ②徐… Ⅲ.①安全教育-青少年读物 Ⅳ.①X956-49

中国版本图书馆CIP数据核字(2019)第242874号

版权登记：图字29-2019-024号
本书由小兵出版社有限公司授权贝贝熊（北京）文化传播有限公司出版其中文简体字平装本版本。该出版权受法律保护，未经书面同意，任何机构与个人不得以任何形式进行复制、转载。（本书中文简体版权经由锐拓传媒取得 Email:copyright@rightol.com）

保护自己有绝招③ 户外安全 可白 / 著 徐建国 / 绘

出版人	徐 江	策 划	许国萍
责任编辑	许国萍 尚志慧	特约编辑	张贵勇
封面设计	师 岚	美术编辑	杨 斌
封面插图	魏 虹	法律顾问	王冠华 18699089007

新疆青少年出版社
（地址：乌鲁木齐市北京北路 29 号 邮编：830012）

印 刷	北京联合互通彩色印刷有限公司	经 销	全国新华书店
开 本	710mm×1000mm 1/16	印 张	9.75
版 次	2020年4月第1版	印 次	2020年4月第1次印刷
字 数	35千字	印 数	1-6 000 册
书 号	ISBN 978-7-5590-5926-0	定 价	38.00元

制售盗版必究 举报查实奖励：0991-7833932 版权保护办公室举报电话：0991-7833927
销售热线:010-84851621/84851485 如有印刷装订质量问题 印刷厂负责调换

保护自己有绝招③

户外安全

◎可　白／著
◎徐建国／绘

CHISO 新疆青少年出版社

出版者的话

亲爱的家长和老师：

我们知道，您爱您的孩子，您也希望他们相信，这是一个充满爱的世界。但是，我们时常会看见令人心痛的新闻：有孩子被人贩子拐走；有孩子遭遇校园霸凌；有孩子被熟悉的大人伤害；有孩子连在学校上个厕所都发生意外……除此之外，上学途中被抢、在游乐场受到伤害、独自在家时发生意外等，也是较为常见的事情。

不过仔细想一想，不难发现，这些意外其实大多是可以避免的，只要孩子们能时时保持适度的戒心。

多年前，可白老师在经历一次“孩子险些遇害”的惊恐之后，深感儿童安全教育的不足，于是花了很多时间，搜集一切有关日常生活中机智应变和有效防身的资料，并向专家一一求证，实际演练，再将它们编写成轻松有趣的生活故事——《保护自己有绝招》。故事中的小朋友都在惊险的危机中，运用绝招死里逃生，反败为胜，转危为安。孩子们看了这套书以后，能了解身边潜伏的危机，提高警惕，而不再变得畏首畏尾。相反，他们能更有信心，更勇敢地生活在这个世界上。《保护自己有绝招》将孩子在家中、校园、户外可能遇到的伤害用故事的形式一一讲述，并提供相应的解决办法；之后，针对故事提出问题，引导孩子进一步思考，既是对故事的回顾，又是对解决方案的复习。

这是一套给孩子的自救宝典，它为孩子提供了切实的自救绝招，我们会以最严肃的态度，尽最大的努力将这套书精彩呈现。

建议小朋友

慢慢看，看出每篇故事里暗藏的玄机，你将学到很多绝招，从此远离危险，也没有人敢轻易欺负你。

建议家长

陪孩子一起看，讨论每篇故事后面的“让我们想一想”栏目。因为安全教育没有百分之百标准的答案。如果能依据家庭环境，给予具体的指导，孩子将会用最适合的方式保护自己，让家长不再担心害怕。

建议老师

讲故事给小朋友听，或者安排他们上台演练，分享心得与自身的相关经验。这将是一门生动、精彩的安全教育课，让小朋友学会活用这些绝招，终身受用。

这虽然是一本故事书，但你最好用心读，画重点读，再把它放在书桌上，常常翻阅。

因为，也许有一天，它可以救你一命，或帮你救别人的命。

写在书前

请问小朋友：

如果有陌生人跟你说话，你不理对方，继续做自己的事情，去你原本要去的地方，这样对吗？

会游泳的人，就一定不会溺水吗？为什么很多溺水的人都是游泳高手？

在路上不小心碰坏别人的东西，对方要你赔偿，你又该怎么应对？

登山时，什么样的装备最理想？如果发现自己迷路了，该怎么做呢？

在外面看见不对的事情，什么情况下你该“见义勇为”，什么情况下又该“走为上策”？你知道怎么分辨吗？

这本书里的故事会告诉你这些问题的答案和许多应变的绝招。别忘了，看完故事，一定要看看“让我们想一想”，再和老师或父母讨论讨论！

目录

不理他，继续走你的路 1
恭喜发财！快溜！ 9
想伤害我？攻你要害 18
游泳高手死里逃生 26
禁足一星期 36
高楼火警恐惧症 44
他勒我的脖子 54
方向盘擒狼术 62
下海去喽！ 70

作者的话 真正落实安全教育 可白 134

带我去爬山好不好 124

我被绑架了 116

小心！别上了贼车 106

空中飞人 98

有人落水了 88

抓我？没那么容易 80

不理他，继续走你的路

星期六下午，丽敏要上英语班，通常她都自己走路上下学，一趟只要15分钟。今天，就为了这15分钟，妈妈从吃午餐的时候就开始唠叨，叫丽敏路上要小心，因为电视又播出坏人欺负小孩的社会新闻了。

“好啦！好啦！”丽敏听烦了，顺手把英语班的书包一扔，说，“不要离工地太近，不要离破房子太近，不要离路边的车子

太近，不要去看热闹，我都会背了。你把我当笨蛋啊！我干脆不出门了。”

这个时候，妹妹从书包里翻出一张纸条，说：“姐姐，今天老师给我们做测验，测验我们遇到可疑陌生人的时候，反应够不够机警，结果我们班全军覆没！”

丽敏从鼻子“哼”了一声，说：“你们班全是‘白痴’！说说，你们老师究竟出了什么题目？”

妹妹摊开纸条，念道：“假如路上有陌生人跟你一起走，你该怎么办？”

丽敏毫不迟疑地说：“我叫他走开，否则我就报警。”

妹妹笑一笑，继续念：“如果他给你钱，你怎么办？”

丽敏说：“我会把钱还给他，并说‘我不要’。”

妹妹问：“假如他要你去他家呢？”

丽敏说：“那简单，我就说‘我得先回

家问妈妈’。”

妹妹歪着头，问：“假如他知道你要去的地方，说要顺道载你去呢？”

丽敏说：“我告诉他我自己会走。”

妹妹看了丽敏一眼，又问：“假如陌生人让你到一家商店，说要买东西给你呢？”

丽敏说：“我当然不去，我告诉他我自己有钱。”

妹妹又问：“如果有人抱着一只小狗给你看，并告诉你，他家还有三只，要你去挑，你会怎么办？”

丽敏“哈”了一声，说：“我才不会去他家呢，我说我就要他手上那一只。”

妹妹笑笑，又问：“如果有人开车停在

你身边，说你妈妈出车祸了，要你赶快上车，你会怎么办？”

丽敏说：“我会告诉他，我和爸爸已经约好了，要一起去医院看妈妈。”

妹妹继续问：“如果你放学回家时，有个高中生叫你去帮他捉虫做科学研究，你会怎么办？”

丽敏说：“我会叫他等一等，等我回家放好书包再去。”

妈妈听了，高兴地拍拍丽敏的肩膀：“不错啊！你的点子真多。”

可是，妹妹摇摇头，说：“才不是呢！妈，姐姐全都答错了。”

“为什么？”丽敏很不服气，妈妈也一

脸惊讶。

妹妹说："这些题目的标准答案都一样，就是'不理他，继续走你的路'。因为你一跟他说话，他就有机会说服你，让你改

变主意。”

“对呀！我怎么没想到呢？”妈妈敲敲脑袋，说，“丽敏，记住妹妹的话，绝对不要理陌生人！”

丽敏说：“算你有理。好，那我也有问题要问你：假如你一个人在公园，想要上厕所，一个男人站在厕所门口对你说‘来，我给你看一样东西’，你会怎么做？”

妹妹毫不犹豫地回答：“我才不会理他呢，当然是继续上我的厕所啊！”

“哎哟！你找死呀？”妈妈紧张地大叫起来，“你这孩子！这回你应该掉头就跑，别上厕所啦！”

让我们想一想

★陌生人在路上找你搭讪，可能会发生什么危险？

★为什么老师出的问题，答案全都是“不理他，继续走你的路”？为什么丽敏问妹妹的问题，答案却完全不同？

★是不是在任何情况下，都不能和陌生人说话？如果不是，请和老师、同学或父母讨论，哪些情况下还是需要跟陌生人说话，甚至求助的。

★你能判断谁是好人，谁是坏人吗？请举例和大家讨论。

恭喜发财！快溜！

星期六下午，瑞凡和表哥一起去电影院看电影。

散场的时候，出口挤得不得了。有一个穿花衬衫的人，走了一半，忽然停下来吸烟，瑞凡一不小心踩到了他的鞋跟。

“花衬衫”回过头来，瑞凡立刻赔罪说：“对不起，对不起。”

“花衬衫”好像听不懂这句话，臭着一张脸，瞪着三角眼骂“三字经”。

哪有人这样的，瑞凡很不高兴，于是也翻起白眼回瞪他，嘴里还念叨着：“公共场所禁止吸烟。”

表哥听了，连忙捂住瑞凡的嘴，叫他别惹麻烦。但是，已经来不及了。

一走出电影院侧门，“花衬衫”就走过来，拦住他们的去路，说：“这个小兄弟不喜欢我抽烟，是不是？讲话很不客气哦！”

“谁叫你先骂我妈妈的？”瑞凡涨红了脸，握紧拳头，像只小公鸡似的摆出“备战”姿态。可是，表哥却一把把瑞凡拉到后头，赔着笑脸说：“对不起，对不起，我表弟小孩子不懂事，请你原谅他。”

“花衬衫”喷了表哥一口烟，斜着眼

说："我这双名牌皮鞋今天第一次穿就被这小子毁了，光说对不起就算了？"

表哥还是笑着说："那你脱下来，我帮你擦干净。"

"花衬衫"把烟屁股扔到地上，一边用力踩了一脚一边说："八千块的鞋，擦一擦就算了啊？"说完，他猛地抓住表哥的

衣领，张大嘴咆哮："我要你赔！快！把口袋里的钱全掏出来。"

表哥愣了一下，马上又摆出笑脸，把双手高高拱在眼前，说："真抱歉，我们今天没带钱，改天再给你，好不好？"

"没钱？没钱就把命留下来。""花衬衫"把表哥的衣领抓得更紧了，还用力往上提了提。

这个时候，表哥突然把拱着的双手用力往下压，把"花衬衫"的手肘压得很低，使他的上半身不得不往前倾。就在这一瞬间，表哥弯下身子，用头顶往前一撞，不偏不倚撞在了"花衬衫"的脸上。

只听见"哎哟"一声，"花衬衫"立刻

松手，捂着鼻梁，痛苦地退后几步。

表哥连忙拉着瑞凡，转身就跑，连跑了两条街，才跳上公交车回家。

瑞凡气喘吁吁地说："表哥，你太厉害了！那种人就是欠揍，你干吗跑？回去把他打一顿啊！"

表哥敲了瑞凡的脑袋瓜一下，说："你真以为我打得过他啊？告诉你多少次了，在外头少惹事，把'对不起'挂在嘴边才能常保平安。你刚才不但管人家抽不抽烟，还回嘴挑衅，真是不知死活。"

瑞凡说："可是，你刚才那招就把他撞得头昏眼花，鼻血直流。而且，他抽烟本来就不对啊！"

表哥说：“遇到坏蛋抓你的胸口，这一招‘恭喜发财’只能帮你暂时脱身，脱身后就得靠你的两条腿了。三十六计，走为上策。你没有看到那个人手上的刺青吗？说不定他还有凶器，或是会找人来抓你呢！”

瑞凡吐吐舌头，说：“那……那我们以后怎么办？他会不会来报仇？”

“不会吧，”表哥说，“城市这么大，以后我们不来这边看电影，他就没有机会找我们麻烦了。”

瑞凡点点头，说：“好，我们在家看DVD好了。”

表哥笑笑，说：“对！你这莽夫总算明白什么叫‘明哲保身’了。”

让我们想一想

★如果有坏人抓你的衣领，你可以怎么脱身？

★脱身以后，又该怎么办才好？

★遇到不讲理的人，你应该怎么办？

★在外面看见不对的事情，在什么情况下你该“见义勇为”，什么情况下又该“走为上策”？试着模拟一些不同的状况，和同学一起演练看看吧！

想伤害我？攻你要害

星期二上体育课的时候，老师一进教室就说：“各位同学，我要告诉你们一件很严重的事情。”同学们都竖起耳朵，睁大眼睛看着老师。

老师咳了一下，说：“有一位同学差点儿被两名歹徒绑架。”

“啊！”大家不约而同地叫起来。

老师接着说：“但是，那位同学非常勇敢，和两名歹徒打斗，终于摆脱他们，机智

脱险。”

同学们听了，以为老师又在吹牛，都哈哈笑起来。同学们你一言我一语：“不可能！”“少来！”“那两名歹徒是笨蛋啊？”

老师笑了笑，又清清喉咙，班长也直叫“嘘——”，大家才安静下来。

老师接着说：“那位同学原本在他家附近的小公园玩耍，突然来了一男一女两名歹徒，先是假装问路要骗他走，可他坚持不去。男歹徒看软的不行，就来硬的，动手抓他。那位同学一跑，不小心跌倒在地上，好在他很机智，顺手抓起一把沙子扔到歹徒的脸上。趁歹徒揉眼睛的时候，他往旁边一滚，爬起来就跑。女歹徒见了，也追上来抓他，他用手肘撞女歹徒的胸口，又戳她的眼睛。女歹徒痛得松了手，他就大嚷大叫地跑向远处有人打网球的地方，那两名歹徒这才仓皇逃走。”

老师边说边比画，同学们一个个听得目瞪口呆，紧张得不得了。

说完了，老师问大家：“为什么那位同学要攻击歹徒的眼睛呢？”

班长马上举手回答：“因为眼睛是要害。歹徒的眼睛受伤以后，一转动就更痛。那位同学往旁边滚，歹徒一时看不到他，他就有机会溜走了。”

“一百分。”老师拍了拍手，“真不愧是班长。我再问你们，这种时候你还可以攻击歹徒的什么地方？”

有人立刻大叫：“下面！”引来一阵哄堂大笑。

老师说：“没错，可以攻击‘下面’，还有喉头、鼻梁、人中、太阳穴、下巴，这些地方都很脆弱。遇到歹徒抓你时，你不要害怕，只要朝他的要害狠打一下，然后拔腿就跑。不过，要朝人多的地方跑，跑快一点儿。要不然，惹毛了歹徒，被抓回去，恐怕下场更凄惨！”

同学们听了都很兴奋，叽叽喳喳地讨论起来。

突然有人问：“老师，你说的是哪一班的学生？有没有报道？”

“这个嘛，”老师眨眨眼睛，干咳两声说，“我刚才说的只是假设状况，因为这种危险随时都有可能发生啊！现在你们都知道

怎么攻击要害了，就不怕脱不了身。”

“哦！”同学们失望地叫了起来。

“不过你们要记住，平常千万不能攻击同学的要害，连开玩笑都不行。”老师一脸严肃地说。

“为什么？”有人问。

“会死啊！”“会残废啊！”……同学们你一言我一语。原来，大家早就知道“攻击要害”的严重性了。

让我们想一想

★如果老师说的是真的，为什么歹徒会挑那位同学下手？

★小朋友的个子、力气都比不上大人，如果硬碰硬，一定不会赢。请想一想，在什么样的情况下，你才有必要出手？如果判断错误，惹毛了歹徒，反而更危险！

★为什么那位同学要攻击歹徒的眼睛？

★你身上有哪些要害？

★开玩笑攻击同学的要害，可能发生什么危险或产生怎样的后果？

防身四大观念

1.随时注意安全　2.回避危险情境

3.迅速逃离危机　4.冷静面对歹徒

游泳高手死里逃生

阿义最喜欢去游泳池，但是他只爱玩水，从来不肯好好学游泳，所以在游泳池混了两个暑假，还是旱鸭子一只。

于是，爷爷帮他报名参加室内游泳训练班，要他每个周末去一次，一次一个半小时。爷爷说：“这样既不耽误功课，也可以锻炼身体，到了明年夏天，你就是游泳池里的蛟龙，不必再去泡儿童池了。”

可是，阿义去了两次后，就不肯再去了，

因为游泳班的教练每次都叫他不停地打水，一趟又一趟，打得他两腿发麻还不能休息，而且游泳班只练习，不玩水，太辛苦太没意思了。

这一天，上游泳班的时间到了，阿义愁眉苦脸地说肚子痛。爷爷生气地说：“你怎么这么懒惰？告诉你，学游泳比做功课还重要。你难道不知道，以前城南的河里发生翻船事件，获救上岸的都是会游泳的人吗？还有一起绑架案，那个小孩也是会游泳才逃出来的。”

“哪个小孩被坏蛋绑到船上去啦？”阿义的肚子马上不痛了，他瞪大眼睛问。

“一个10岁的小孩！中秋节那天，他在家门口玩，被歹徒用外套蒙着头拖进一辆轿车。后来，歹徒大概怕小孩以后认出他们，就把他塞进一个有拉链的大布袋，带到另一个市，之后扔进河里。”

“后来呢？后来怎么了？爷爷，你快讲给我听啊！”阿义迫不及待地追问。

爷爷说：“那个小孩察觉自己被扔进水里以后，就挣扎着撕掉封嘴的胶布，弄松捆着双手的布条，再拉开布袋的拉链，浮出水面。四周黑漆漆的一片，他不但不害怕，还很高兴终于逮到机会逃脱了。”

“他是自己游上岸的吗？”阿义问。

“当然是啊！”爷爷点点头，“那个小孩会蛙泳。可是，河水冷冰冰的，他又没有吃东西，没游两下就全身无力。要是他拼命挣扎，一定会因为体力不支而淹死。还好他很镇静，发现自己快不行了，就漂浮在水面上休息，一边轻轻地踢腿，用仰泳游到离岸边不远的地方，再转身奋力游上岸。”

“哇！他好厉害，我到现在还只会踢腿，不会换气，更别说仰泳了。”阿义吐着舌头，羡慕地说。

“是啊，想要死里逃生，没两下真功夫是不行的，所以你非得上游泳班不可。”爷爷说，“学会速度快的自由泳还不够，你必须学会比较节省体力、不容易呛水的蛙泳和可以躺着休息的仰泳。还要学‘水母漂’，万一脚抽筋了，可以停下来按摩；还有还有，‘抬头蛙’也一定要会，这样掉进水里时，你才可以一下下蹬着水浮出水面换气。你没听说过‘养兵千日，用在一时’吗？等你都学会了，一有急难，不但能救自己，还可以救别人呢！”

“像我妈妈，对不对？”阿义的眼睛一亮，“我妈妈比我还差，她连踢腿都不会，掉到水里一定会淹死的。”

爷爷笑笑说："对！你妈妈也该去上游泳班，不然就只好靠你了。快走吧！上课要迟到了。"

"爷爷，再见！"阿义说完，高高兴兴地拎起游泳袋出门了。他已经下定决心，要好好学习游泳。

让我们想一想

★你会游泳吗？你会哪些保命的招式？和身边的人讨论讨论，互相学习对方的绝招吧！

★如果不幸遇上翻船事件，你如何自保？要远离或靠近哪些东西？

★不会游泳的人，掉进水里一定溺水。但是，会游泳的人就一定不会溺水吗？为什么很多溺水的人都是游泳高手？

知识补给站

★溺水自救的方法

- 落水时，要屏住呼吸，捏住鼻子，避免落水瞬间被大量的水呛到。落水后，千万不要紧张、胡乱挣扎，否则会加快身体下沉的速度。
- 你可以先像骑自行车一样，不慌不忙地用力踩水，使身体浮出水面，再将头往后轻躺，身体放松，利用水的浮力让自己漂在水面，这样就可以露出口鼻呼吸，等待救援了。
- 如果仰泳对你来说太困难，你也可以采用比较容易的“水母漂”自救法。也就是深吸气之后，将脸向下埋入水中，四肢向下自然伸直，呈现如水母一般漂浮的状态；需要换气时，只要双手向下压水，双脚像青蛙一样踩水，抬起头来便可以瞬间吸气，再恢复漂浮状态。

- 不小心掉落水中，和在游泳池游泳是不一样的。除了紧张之外，身上的衣服、鞋子吸了水，都会使身体变得沉重，并产生额外阻力，让游泳更加困难！因此，万一不小心落入水中，不妨将身上的笨重衣物果断脱掉、丢掉，让自己有更多机会活命！

禁足一星期

暑假虽然是大家殷殷期盼的，但时间太多，不知道怎么打发也很痛苦。幸好允文家附近有个小公园，公园里有些简单的游乐器材和沙坑，能让他消磨不少时间。

这一天，吃过午餐，允文又穿着拖鞋去公园散步。

咦？沙坑旁边怎么围了一群人？

允文连忙挤进去看，只见单杠翘起两条锈蚀斑斑的“断腿”，歪歪斜斜地倒在沙坑

里。“断腿”下面躺着一只小拖鞋。

人群中有一位老太太告诉大家，她亲眼看见两个初中生爬到单杠上面打来打去，单杠不知怎么就倒下来，压向蹲在一旁玩沙的三个小孩。两个大的眼尖避开了，比较小的那个就惨了，好像压伤了腿，被家人送到医院急救。

允文低头看看自己脚背上的两道划痕，心想："好险！"那两道划痕就是他昨天爬单杠的时候，被单杠要断不断的"破腿"刷伤的，回家后还因此被爸爸骂了一顿。爸爸叫他以后出来玩一定要穿运动鞋和长裤，才

不会踩到碎玻璃或刷伤脚；爬任何游乐器材以前，都要先检查牢不牢靠，有没有腐锈断裂，这样才不会掉下来或受伤。爸爸真有先见之明啊！

过了一会儿，人群散去，允文也离开公园回家了。他在家门口遇到住在三楼的永成，永成手上捧着一大把弹珠。允文高兴极

了，和永成蹲在地上玩了起来。人行道上行人来来往往，骑楼下摩托车进进出出，可他们都不在乎。

突然，“喀”的一声，一颗弹珠打出人行道，滚进一辆停靠在路旁的汽车底下。永成连忙钻进去捡，允文也立刻趴下去张望。

一趴下去，允文立刻发现汽车的排气管“噗噗噗噗”地在跳动。

允文吓了一跳，连忙大叫："永成，快出来，车子要开了。"

永成吓得连滚带爬地退了出来。

这时候，车子动了一下，又"吱——"的一声停下来。一个大人打开车门，凶巴巴地破口大骂："小鬼，要死啊！爬到车底下干什么？"

允文和永成对看一眼，转身就跑，逃到楼上。可是，这一切已经被杂货店的孙阿姨看在眼里了。

当晚，爸爸下班回来，一进门就把允文叫到客厅罚站，还提高了嗓门大骂："哼！上回到建筑工地去玩儿，扎了一根铁钉回来，还差点儿淹死在积水的地下室，你不思悔改，竟然又跑到汽车底下去玩儿？下回还要去哪里？趴在铁轨上睡觉是不是？”爸爸气得头顶冒烟，“你啊！一点儿也不知道选择安全的游戏场所，真是太危险了。屡劝不听，明天起，禁足一星期，等你变聪明了，才准出去玩儿。”

“这下惨了，”允文心里好懊恼，“早知如此，还不如不放假呢！”

让我们想一想

★在人行道上玩耍，容易发生什么危险？

★停车场是捉迷藏的好地方吗？可能发生什么危险？

★在建筑工地附近行走，应该注意什么？

★爬任何游乐器材以前，为什么都要先检查一下？

★如果附近有人在荡秋千，你又该注意什么？

高楼火警恐惧症

难得的连续假日，小龙和爸爸坐高铁去省城，打算花一整天的时间，好好参观那里的自然科学博物馆。

到了之后，爸爸带着小龙直奔一间看起来不怎么起眼的旅馆。

小龙说："爸，对面那间旅馆看起来比较新。"

"新有什么用？"爸爸说，"我上回去看过，他们不但没有烟雾报警器，连消防安

全设备和逃生路线指示图都没有，四楼和五楼的安全梯还被堵起来当储藏室。那种地方啊，装潢得再漂亮我也不去。”

在柜台办好登记手续之后，服务员交给爸爸一把钥匙，上面写着715。于是，他们搭乘电梯来到七楼。

刚放下行李，爸爸就带着小龙去“认识环境”。

爸爸说：“我们得先找出距离最近的两个安全门出口，并熟记路线，万一停电或者起了浓烟，也能‘摸’出去。”

找到安全门，爸爸又推推看能不能顺利打开，还检视了灭火器、消防栓和手动火灾报警按钮的位置，这才带着小龙去吃饭。

小龙边吃边笑爸爸有“高楼火警恐惧症”，爸爸却一脸严肃地说：“高楼火警是很可怕的，20年前我就遇到过，同行的三个人都遇难了。”

“真的？”小龙放下筷子，笑不出来了。

“当然是真的。”爸爸说，“其中一个

人跑进电梯就出不来了；另一个人到处乱闯，也不先用手背试试门板是否发烫，就猛然打开，结果被里头冲出来的火舌吞没。”

“好可怜啊！”小龙难过地问，“还有一个人呢？”

“还有一个是我的堂弟，”爸爸无限感

伤地说，“他原本和我一起沿着安全梯往下跑，后来走散了。我看见漫天浓烟，就背过身子，用上楼梯的姿势，把脸贴近地面往下溜。你知道，靠近地面那二三十厘米还是有空气的。可是，等我逃出旅馆，却一直等不到他。后来，消防队员在厕所找到他，他手上抱着湿衣服，身上一点儿伤痕也没有，大概是没来得及蒙住脸，就被呛死了。”

“爸，我们去找一间平房旅馆好了。”

小龙担心地说。

“傻孩子，”爸爸拍拍小龙的头，“在都市很难找到平房旅馆。其实，高楼不是不能住，只是随时要有危机意识，并且熟悉各种情况的应变方法，这样就行啦！”

回到旅馆的房间以后，小龙东看看西看看，突然大叫起来：“爸，糟糕了，这个房间只有一扇门，万一发生火灾，这一扇门又是烫的，那我们不就死定了吗？”

爸爸笑了笑，说："没关系，我已经看好第二条退路了。这里的窗户没有加装铁栏杆，万一真的不得已，我们可以把窗帘、床单都扯成布条接起来，爬到隔壁那栋房子的顶楼等救兵。我还带了手电筒，摸黑也逃得出去，你放心睡觉吧，失火了我会叫你的。明天还要参观自然科学博物馆呢！"

小龙这才放心睡觉。不过，从此以后，他也感染了"高楼火警恐惧症"，每到高楼都会先看好逃生路线。

让我们想一想

★选择旅馆时，要注意些什么？

★住进高楼旅馆时，要先找出至少两条逃生路线，为什么？

★火警时，可不可以坐电梯？地震时，也一样吗？为什么？

★在火场逃生时，开门前得先做什么？说说原因。

★浓烟密布时，什么地方还会有空气？

★旅馆有电灯，为什么住旅馆还要带手电筒？

★很多人都知道，在浓烟密布时逃生，要用湿布捂住口鼻避免被呛。但是，如果你随身没有手帕，附近也没有水龙头，又该怎么办呢？

知识补给站

★火警逃生的注意事项

- 如果发现起火了，你应该立刻大叫，提醒其他人逃生，到安全地带之后再打电话报警。
- 火势蔓延的速度很快，千万不要浪费时间在穿衣服或抢救财物上，分秒必争，才能把握逃生的黄金时间。
- 不可以搭乘电梯，要从安全梯逃生。
- 火场逃生的八字诀是“小火快逃，浓烟关门”。浓烟往上蹿升的速度非常快，人跑不赢烟，所以大原则是由上往下疏散。如果楼梯间有浓烟，就不能贸然进入，应该选择留在室内等待救援。最好找个有窗户的房间，关上门，并用湿布把门缝、空调等浓烟可能入侵的风口塞住，再打电话求救，并到窗边设法表明自己的位置以尽快获救。

- 在绝大多数的状况下，不建议爬窗跳楼逃生。
- 如果湿布容易取得，可以用湿布掩住口鼻，放低身体逃生，避免因吸入浓烟而呛晕。如果湿布不易取得，应把握时间，直接采取低姿态快快逃生。
- 平时在家中或到旅馆居住时，不妨闭上眼睛，试着走到室外，增加临场感，当作火场逃生的演练。

他勒我的脖子

假日的公园里人来人往，散步的散步，遛狗的遛狗……

阿亮约了毛毛和小丁一块儿去打羽毛球。可是找了半天，都找不到合适的场所。

毛毛突然指着花圃旁边的凉亭，说：“那个疯子又来了！走，我们去逗逗他。”

“你说谁？”

“就是那个对着垃圾桶一直点头的人！”毛毛回答。

阿亮仔细一看，果然看见凉亭的椅子上坐了一个披头散发的人，那人正对着垃圾桶喃喃自语。

毛毛说："你去丢垃圾，他会跟你说谢谢。可是，你如果拿他摆在旁边的酸奶瓶，他就会骂你。"

阿亮摇摇头，说："我不要去。我妈妈

说精神病人和其他的病人一样，应该去看医生。而且，你也不应该叫他疯子！”

毛毛说：“哎呀，不要这么正经。来嘛，他不会打人的，他只会骂人。”说完，就拉着阿亮和小丁走进凉亭。

那个人看见有人进来，先是不停地说“谢谢”，立刻又抱紧身旁的那堆瓶子，用充满戒备的眼神瞪着他们。

毛毛顽皮地做出抢瓶子的动作，那个人生气地咒骂起来。阿亮连忙伸手阻止毛毛。

没想到，那个人以为阿亮要动手抢他的瓶子，竟然跳起来，伸出双手掐住了阿亮的脖子。

阿亮警觉地退后一步，收紧下巴护住喉

咙，同时伸手扳他的手指头。

可是，那个人比阿亮高，力气也很大。阿亮一时挣脱不了，连叫都叫不出声音。

毛毛和小丁吓得愣在一旁，不知道该怎么办。

阿亮被掐得面孔发胀，突然想到前天晚上电视上播放的女主角和杀手搏斗的镜头。

阿亮立刻两手十指紧扣，握拳放在胸口，猛地往上一举，果然撞开了那个人的双手。

那个人吃了一惊，转身去保护他的瓶子，阿亮连忙拉着毛毛和小丁转身就跑。

三个人一直跑到公园门口，这才停下来喘气。

阿亮瞪了毛毛一眼，说："你讨厌，差点儿害死我。"

小丁竖起拇指，称赞道："你真行！哪里学来的功夫？"

阿亮说："看电视呀！女主角被杀手从正面掐住脖子的时候，就是用这一招脱身的。不过，她同时还抬起膝盖撞那个杀手的要害，大概把他撞成太监了。"

毛毛笑着说："好呀！你刚才为什么不撞他呢？"

阿亮瞪大眼睛，说："他生病了！欺负精神病人最不道德了，要撞也要撞你这种坏蛋。"说完，追着毛毛抬起膝盖，假装要撞他，吓得毛毛拼命闪躲。

从此以后，毛毛再也不敢惹那个人了。

让我们想一想

★为什么阿亮认为毛毛不应该把那个人叫作“疯子”？

★有人从正面用双手勒住你的脖子时，可以怎么脱身？

★戏弄精神病人是不是很可恶？为什么？

★在路上看到“怪怪的”人时，保护自己最好的方法是什么？

方向盘擒狼术

晶琳今年刚满12岁，已经长得亭亭玉立了。有一天，爸爸拿了一份报纸，指着上面的统计数字告诉晶琳："你看，这些色狼专挑12岁到18岁的少女下手，每10个受害人当中，就有4个是这个年龄层的，还有两个半是12岁以下、6岁以上的小孩。所以，你现在正处于危险期，一定要时时提高警觉，别给任何色狼下手的机会！"

晶琳噘着嘴，推开报纸，说："爸爸，

拜托，你说够了没有？我早知道了！”

事实也的确如此，晶琳早就懂得如何保护自己了。每天上学、放学，她绝不在路上耽搁；没有家长同意，她绝不随便到别人家，即使是同学、老师或亲戚家。

晶琳到艺术班上课时，一定等到有别的同学一起才进电梯，下课上厕所也非要拖个伴不可。有人找她到顶楼散步或地下室探险，她绝不会参加。

至于阴暗的巷道、停车场、河滨公园、堤坝之类的偏僻地方，晶琳当然也不会去。

照理说，她应该是不会遇到色狼的。可是，事情偏偏降临到她头上了。

星期六晚上，晶琳和爸爸一块儿从姑姑家回来。经过超市的时候，爸爸把车停在路边，按下闪光灯，说：“家里好像没有牛奶了，我进去买两瓶，你在车上等我。”

晶琳皱皱眉头，说：“你快点儿呀！要不然警察会来开罚单的。”

爸爸走了以后，晶琳把车窗摇开，看路边橱窗里挂的一束缎带花。那束花做得非常精巧！晶琳心想“一定很贵”。

突然，耳边一声“小姐”传来，一只大手便从窗口伸进来，抓住了晶琳胸前的衣服。

晶琳惊叫一声，转头看见一张年约20岁、长满青春痘的脸正色眯眯地贴着

窗口笑。

晶琳吓得两腿发软，不过她立刻想起上个星期爸爸教她的绝招，于是毫不迟疑地抓住胸前的那只“毛手”死命往车子里拖，一边用脚顶住车门，让全身倒向驾驶座。那个人吓了一跳，半身栽进来。晶琳顺势把他的手插进方向盘里，左手压住他的手腕，右手把他的手指头靠着方向盘倒过来扳。

“啊！”那个人惨叫一声。“咔咔咔”，也不知道手指头断了没有。

晶琳趁机打开驾驶座的车门，朝向路边大叫：“爸爸！爸爸！”

那个人没想到晶琳有这一招，咒骂着挣

脱上半身，抱着手跑了。

晶琳对着跑过来的路人说声“谢谢”，就钻回车里坐好，摇上车窗，锁上车门。这个时候，爸爸才提着牛奶走出来！

让我们想一想

★色狼最喜欢欺负哪一个年龄段的女孩子？为什么？

★一个人坐在车里等人的时候，该注意什么？

★爸爸还在店里，晶琳打开车门，却朝向路边大叫“爸爸！爸爸！”，她为什么这样做？

★为什么晶琳不随便到别人家，即使是同学、老师或亲戚家？

下海去喽！

暑假到了，一定要做的是什么事？当然是玩水啦！

星期天，爸爸和妈妈起了个大早，带厚安、羽安兄妹俩去蝙蝠洞海边。

9点钟不到，滨海公路上的车队就排起长龙。远远望去，穿着五颜六色泳衣的人潮已经像蚂蚁一样爬满整片礁岩。

爸爸停好车子，把野餐篮和大水桶搬下

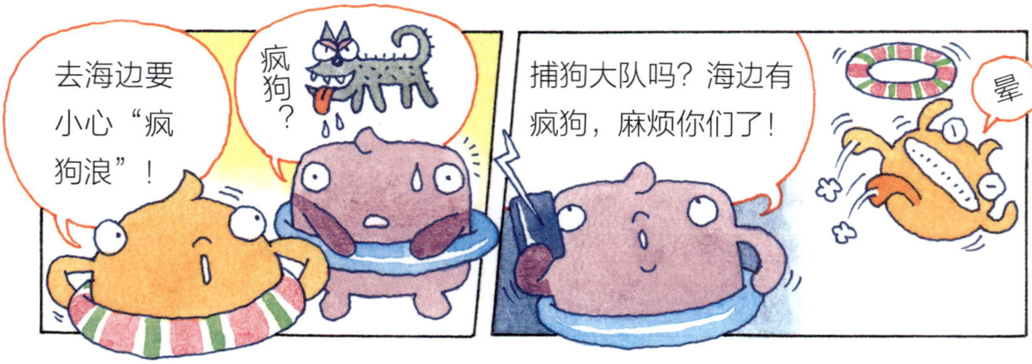

车。厚安已经迫不及待地脱掉上衣，巴不得立刻跳下水。突然，羽安发现一块写着“小心疯狗浪”的牌子竖在路旁。她害怕地躲回车上，说：“哥，小心，这里有疯狗。”

爸爸笑着把羽安拉出来，说：“傻瓜！‘疯狗浪’是指突然卷起的大浪，常常把站在礁石上钓鱼的人卷下海，我们只要不到深入海中的礁石上，乖乖待在靠岸的浅滩玩，就不会碰到‘疯狗浪’了！这个地方我很熟悉，你们可以放心。”

到了海边，妈妈用一件大圆裙当“更衣室”，帮厚安、羽安换衣服，又拿出防晒油给他们涂上。

“快点儿！快点儿！”厚安快急死了。

“慢慢来！还没好呢！”妈妈说着，又从袋子里掏出布鞋、长袖上衣、工作手套和缝上松紧带的鸭舌帽，叫厚安、羽安穿上。

“我不要！”羽安叫起来，“怪模怪样的，你要害我被别人笑死啊！”

“对呀！穿戴这么多东西，怎么玩儿？”厚安也噘着嘴说。

“不肯穿就不许下水，”爸爸板起面孔说，“夏天的太阳那么毒，海边的礁石、贝壳又像刀子一样锐利，你们在海沟里爬上爬下的，要是装备不齐全，不到两个小时就变

成‘烤乳猪’，而且保证弄得遍体鳞伤，回家至少要痛一个礼拜。”

“好吧！”厚安、羽安勉强答应。

蝙蝠洞的岩岸宝藏真多啊！他们抓到好多海胆、海星、寄居蟹和蓝雀鲷。爸爸又带他们去“跳海”，抱着救生圈从岸上跳下海沟，再爬上来，一遍又一遍，把水花溅得满天飞。

“好好玩儿啊！爸爸！我们到深一点儿的地方，好不好？”厚安指着远处浪花溅起的地方，说，“抱着救生圈去。”

爸爸摇摇头说：“在这里玩儿就好了，不要太相信救生圈，一个大浪就可能把它打到礁石上割破漏气，浪退下去，也可能把你一直带到深海里喂鲨鱼！”

厚安还不死心，这时听到远处有人喊救命。仔细一看，原来是两个女孩子坐在橡皮艇上向外海漂，两个青年正奋力游过去救她们呢。

“你们看，自己不小心，说不定还会害死别人！”妈妈皱着眉头说。

羽安听了，连忙乖巧地靠在妈妈身边，说：“好可怕呀，我们不要去了。”

快乐的时光总是过得特别快，转眼夕阳西斜。妈妈用大水桶里装的清水，帮厚安、羽安把身上咸咸黏黏的海水冲掉，再帮他们换衣服。旁边一个妈妈羡慕地说：“你们准备得真齐全，我们都带错东西了。”

厚安看见那家的几个小孩，一个个晒得像煮熟的草虾，痛苦地耸动着肩膀，胳膊、小腿上也伤痕累累，还渗着血水。他不禁暗自庆幸："爸爸妈妈真有先见之明啊！"

不过，他心里也怀疑：这里是个安全的地方吗？装备齐全就可以来了吗？怎么没有看到救生员呢？

让我们想一想

★什么是“疯狗浪”？会游泳就不用怕“疯狗浪”了？

★为什么在海边玩，不能太相信救生圈？

★去海边抓寄居蟹，该准备什么装备来防晒，防刮伤？

★很多人戏水的海域，就是合法的海水浴场吗？请查一查资料，看看哪里才是可以安全戏水的好地方。

★在沙岸戏水时，许多人认为水位不高就很安全，却没注意看似平坦的沙岸海湾，海底的地势变化也不小。你知道在沙岸戏水要注意什么吗？

知识补给站

★水域安全标志

禁止游泳

禁止钓鱼

禁止浮潜

禁止跳水

（如果海滩插有红黄旗，代表有救生员驻站，属于安全戏水区域。）

安全水域旗

禁止冲浪

小心突降陡坡

小心水母

小心强劲暗流激流

小心鲨鱼

水深危险

游泳区

钓鱼区

冲浪区

滑水区

抓我？没那么容易

紫云的小姑姑很年轻，又爱漂亮，每天打扮得花枝招展，人家流行什么，她就穿什么。

有一天，百货公司打折，小姑姑要紫云陪她去买包包。紫云好不容易逮到出门的机会，当然一口答应了。

逛了好几层楼，紫云的腿都酸了，小姑姑却还没找到中意的包包。

“我们回家好不好？”紫云边打哈欠边

说，“百货公司都快打烊了。”

“再等一下下，好不好？我们到旁边那条街找一找，上星期我看到一个咖啡色的小包包，不知道卖掉没有？”小姑姑兴致勃勃地说，“来来来，我买冰激凌给你吃。”

有冰激凌吃，就忍耐一下吧！

紫云点点头，乖乖地跟着小姑姑走。没想到这一逛，她们俩竟逛到两旁店家纷纷打烊为止。

“哎哟，11点了。”小姑姑叫起来，立刻拉着紫云拼命跑。

幸好她们运气不错，总算赶上最后一班公交车。小姑姑和紫云气喘吁吁地坐下来，连忙向妈妈打电话报平安。

挂上电话，她们才发现，公交车上竟然只有三名乘客——她们俩和一个戴金边眼镜的中年男人。

那个中年男人看见紫云她们，咧了咧

嘴，就移到她们对面坐下，一双贼眼盯着小姑姑的胸口看。

小姑姑把购物袋提起来，抱在胸前。

那个人又把视线往下移。小姑姑不自在地伸手把迷你裙往下拉，想盖住大腿。

好不容易到站了，小姑姑连忙拉着紫云

跳下车，没想到那个男人也下来了。

公交车开走后，寂静的站牌下只剩下他们三个人。

小姑姑牵着紫云的手往回家的路上走。可是，那个男人伸手拦住她们，说：“小姐，我请你吃夜宵好不好？”说完，他一把

抓住小姑姑的手腕。

紫云见了，忍不住惊叫起来。

只见小姑姑从容不迫地把被抓住的手朝那人身上一推，然后“啪”的一声往上抬，立刻把手从那个人的拇指和食指中间挣脱出来。

那个人愣了一下，立刻又抓住小姑姑挣脱了的手腕。

这一回，小姑姑却猛地把手腕往自己身边拉回，再弯起另一只手臂，用手肘猛敲那人伸直的肘关节。

那个人没料到小姑姑有这一招，立刻“哎哟”一声，松手摔倒在地上。

小姑姑连忙拉着紫云，头也不回地跑回家。

“小姑姑，你刚才买的东西没有拿！”紫云提醒着。

“那不重要，不要了！”小姑姑一边说一边把楼梯门轻轻关上，还把食指放在嘴边，示意紫云不要出声音。

过了一会儿，确定外头没有动静了，小姑姑才拉着紫云轻轻上楼回家。

进门以后，紫云急忙向家人报告刚才惊险的遭遇，还直夸小姑姑的防身术用得好，爷爷却在一旁气得吹胡子瞪眼睛。

让我们想一想

★有大人带着，也尽量别在外面待到太晚，为什么？

★坏人伸手抓你的手腕时，你可以用什么方法挣脱？找同学演练一下。

有人落水了

明章的大表哥今年考完大学，高兴得不得了，他说他一定要过一个轻轻松松、快快乐乐的暑假。明章逮到机会，每天跟着大表哥上山下海，玩得不亦乐乎。

这一天，大表哥约了一些同学到河边去烧烤，同行的还有一个女生。那个女生怕晒黑，一直撑着太阳伞。大家在烧烤的时候，她突然发现对岸有两棵树，于是撩起裙摆，想走过去躲太阳。

“小心哪！中间那一段水流很急！”大表哥提醒她。

“知道啦！”她回头摆摆手，突然脚下一滑，坐倒下去，被滚滚急流带离浅滩，冲进两米外的深潭。

“糟了，她不会游泳。”大表哥叫起来，立刻冲向岸边，一面叫其他人去找救生设备。

那个女生挣扎着露出水面，两手一阵乱挥，沉下去了，不过她背上灌满空气的衣服随即将她带出水面。

大表哥拿起一截树枝向前伸，太短，够不着。

那个女生拼命挣扎，“咕噜”一声，衣

服里的气泡冒出，她又沉下去了。

大表哥急忙扔掉树枝，脱下衬衫，把衬衫的四个角捏在手里，“扑通”一声跳到水里。那件衬衫竟然立刻变成一个装满空气的浮筒。

大表哥奋力游向那个女生，打算把“衬衫浮筒”交给她，没想到她一阵乱抓，拉坏了“衬衫浮筒”，空气“咕噜”一声冒出来。她又是一阵乱抓，把大表哥也一块儿拖下水底。

“咕噜咕噜”，水面冒出一串泡泡，明章吓得两腿发软，不知道该怎么办。

突然，他被人一把推开，有三个人冲向水边，抛下一条末端绑着三个饮料瓶的绳

子。其中一个人带着绳子游向大表哥，另外两个人在岸边拉绳子。

就在这个时候，大表哥和那个女生“哗”的一声又露出水面，一见到那三个空瓶子，立刻没命地抓住不放。饮料瓶的浮力虽然不大，却已经发挥了很大作用，大表哥得以喘了一口气。

“砰”的一声，岸上又丢下来一个排

球，还有一个人把装水的桶倒过来，扣在水面上当浮筒，推着游过来。

“一、二、三、四，一、二、三、四……”明章不停地数着水面上的人头，唯恐又消失了一个。

靠着这些临时浮筒的帮忙，三个人总算把那个女生拖出水面，稳住局面。

“来啦！来啦！”远处有人拖来一根长竹竿，伸进水里，连同刚才的绳子，这才把水里的人全部拉上岸。老天保佑，大家全都平安无事，只可惜那三个饮料瓶里的汽水全被倒光了。

回家的路上，明章偷偷问大表哥：“你刚才为什么不先把她打昏，再拖上岸？书上是这么说的。”

“算了吧。我一靠近，就被她死命地抱住，哪有办法挥拳打她？”

大表哥把嘴附在明章耳边，说："别看她是个弱女子，垂死挣扎的时候，力气比泰山还要大，我差点儿和她变成'同命鸳鸯'了。下回啊，没带工具，我再也不敢下水救人了。"

"要是掉下水的人是我呢？"明章仰着脸问。

"是你啊？"大表哥拍拍明章的肩膀说，"我就在岸上向你说再见，看你能不能乖乖自己游回来。"

明章气得猛捶大表哥，说："有什么了不起？要是你掉下水，我也不救你，光拿饮料瓶砸你。"

让我们想一想

★为什么一定要带工具才能下水救人？

★万一你溺水了，有人来救，你该怎么配合？

★溪水看起来很平静，无风也无浪，有些地方的水甚至非常浅，为什么却经常传出有人溺水的消息？

★你知道做临时浮筒的方法吗？请举出三个例子。

★很多溺水的人都是游泳健将。既然是游泳健将，为什么还会溺水呢？

知识补给站

★救溺五步骤

教育部门很重视学生的戏水安全，因此提出了“叫叫伸抛划”的五字口诀，方便大家记忆，让我们一起来看看吧！

- 叫：大声呼救，让旁人注意到有人溺水，增加帮手。
- 叫：打120求救，也可以拨打110。
- 伸：用长形物体，如竹竿、树枝等，让溺水者拉住。

小提醒：救援者要蹲低站稳，才不会反被溺水者拉下水！

- 抛：将绳子、球、空瓶罐等漂浮物抛向溺水者。
- 划：利用大型浮具，如船、救生圈、泡沫塑料等，划向溺水者，然后将溺水者救回岸上。

空中飞人

两天前，小舅开车送表弟以扬去上作文辅导班。路上塞车，延误了很久。

以扬怕迟到，到了作文班门口，不等小舅把车停好，就匆匆忙忙打开车门冲出去，结果被一辆摩托车撞个正着。以扬有车门护着，只受了点儿擦伤，右肩脱臼。骑摩托车的女士却摔得遍体鳞伤，坐在后座的小妹妹还断了一条腿。幸好她们都戴了安全帽，没有伤到头部。

妈妈带晴晴去医院探望以扬，一进病房就责备小舅："你呀，真是大意。幸好没出人命，要不然把全部的家当都赔给人家，也会一辈子良心不安。"

小舅一脸冤枉地说："我交代以扬要从人行道那边下车，偏偏他一开门，那辆摩托车就冲了过来。"

妈妈听了，非常生气，"从人行道那边下车是没错，可也要等车停好，先开个小缝，确定后面没有人和车才能下去啊！你是司机，怎么可以不管好乘客呢？"

躺在病房上的以扬对晴晴吐吐舌头，小声地说："姑姑好凶哦！"

晴晴把嘴附在以扬耳边，说："我妈是

个紧张大师，坐她的车规矩好多。有一次，我弟弟把头伸出车外，骂他也不听，我妈就把车停在路边，下来收拾他，说要把他的头拧下来放在前座，免得待会儿被撞掉，找都找不到。”

以扬忍不住笑起来，说：“我爸爸也是，他还不许我玩他的换挡杆，就算车子熄火也一样。不过，他没有姑姑这么凶。”

晴晴说：“你还敢玩换挡杆？我妈妈根

本不许我坐前座，即使在后座，她也是呱呱呱一直说，非要每个人都系上安全带不可。上高速公路的时候，她还会在后座放几个小枕头，说万一出车祸，可以发挥缓冲的作用。开车时，她也不许我们吵闹喧哗，说这样会使她分心。”

以扬瞪大眼睛：“哇！还好我没有坐过

她的车，不然一定被骂惨了！姑姑一直是这样的吗？”

晴晴点点头，说：“我妈一直都是这样。有一次，我嫌她太啰唆，她就告诉我一件事，是真实发生的事情哦！”

“什么事？”以扬好奇地问。

“我妈说她有一个大学同学开车带两个孩子去上学，忘了叫他们把车门锁好。那两个孩子不但没系安全带，还在车上打打闹闹，你推我，我推你。玩着玩着，哥哥把弟弟压向车门，刚好那时车子急转弯，车门不知怎么搞的，突然开了，弟弟就飞了出去。哥哥想拉住弟弟的脚，反而被拖出去。”晴晴一脸严肃地说。

“哎呀！他们有没有受伤？”以扬赶忙追问下去。

“有没有受伤？”晴晴敲了一下以扬的头，说，“你在路边乱开车门都被撞成这样，别说是在高速公路上了！所以，他们当然都死掉了！我妈说她那个同学又伤心又自责，一辈子都走不出来。”

“是啊……”以扬没有再说话，一副难过的样子。

这个时候，妈妈把小舅训够了，又转过头来训以扬。以扬苦笑着说：“姑姑，我知道了，以后我坐车会特别小心，一定听爸爸的话。”

妈妈说：“尤其是上下车的时候，还有

就是……”

以扬连忙接下去说：“坐好以后，一定要系安全带，还要把车门锁好，才不会变成空中飞人。”

妈妈和晴晴相视一笑，说：“知道就好，要牢记！”

让我们想一想

★车子熄火时，为什么也不可以玩儿方向盘和换挡杆？

★把头或手伸出车窗外，可能会发生什么事情？

★系安全带有什么用？只有坐前座的人需要系安全带吗？

★小孩子适合坐在副驾驶座位吗？原因是什么？

★坐车的时候，可不可以靠在车门上睡觉或玩耍？为什么？

★坐车的时候，还有哪些注意事项？

★你知道什么是“两段式开门”吗？赶快问问大人吧！

小心！别上了贼车

星期六晚上，志明陪小姨去她同学家，两个话痨竟然一直聊到12点钟才聊完。公交车早没了，他们只好搭出租车回家。

走到路口，眼尖的志明发现红灯下停了一辆发动的出租车。他二话不说，拉开车门就要钻进去。

小姨却突然拉住他，对司机摇摇手说：“对不起，不用了，我们临时有事。”

车子开走以后，志明白了小姨一眼，凶

巴巴地说："你干吗？想走路回家啊？"

小姨瞪大眼睛说："那台车的窗子贴了深色又反光的隔热纸。这种出租车啊，绝对不能坐，因为从外面看不见里面发生的事，太危险了。"

志明往前望去，果然看见那辆车的车窗黑漆漆的一片，后面挂的车牌也沾满了尘土泥巴，看不清号码。

小姨说："刚才你把车门一开，我就闻到一股酒味，说不定那个司机还喝过酒呢！上回我一个同学就是坐上酒鬼司机的车，差点儿被拉到郊外'非礼'，还好她有警觉，上车以后就坐到司机后面的位置，并且打开一半窗户。一看司机偏离路线，她就趁红灯的时候开门跳出去，到路旁的小店求救。你知道吗？后座的门，通常乘客是可以自由开启的，所以上车以前要先瞄一眼。一辆车如果车窗的开关脱落了或把手不见了，那八成就是台‘贼车’。”

志明说：“哇！还真有学问！不过今天你不用怕，有我做保镖！”

小姨笑起来，说：“就是啊！要不然我也不敢待到这么晚。不过，如果前座或车厢里先藏了一个坏蛋，我看你这个保镖也没多大用处，只好陪着我一起倒霉了。”

这个时候，“叽”的一声，又有一辆车停下来，车窗干净透明，车牌号码清清楚楚，司机是个仪容整洁的中年人，样貌和座

TAXI

椅上贴着的营业登记证照片一样亲切。志明探头瞄了瞄前座——没有躲人，又瞄了瞄另一边的车门——窗户开关和门把都在，于是就拉着小姨钻进去。

一路上，志明牢牢盯着司机，看他有没有异常的行为举止，小姨则面无表情地拿出手机，对着椅背上的营业登记证拍照，接着点来点去。

路上冷冷清清，很快就到家了。司机把车停好，小姨连忙付了钱拉志明下车。

志明问：“你刚才在做什么？”

小姨说：“我在把司机的资料拍下来，传给朋友！这样万一出事，也有人可以找他算账。”

“哈哈！”志明一脸不以为然地说，“你就是这样。要是真的怕路上不安全，就应该早一点儿搭公交车回家，偏要聊到三更半夜，然后紧张兮兮，以后我再也不陪你出门啦！”

“拜托啦！拜托啦！即使电话叫车，也还是多个保镖比较安全。”小姨急得直跺脚，“不然下次我请你吃冰激凌！”

志明对小姨扮了个鬼脸，“嘻嘻——”笑着说：“好吧，就答应你了。不过，我要吃三个球哦！”

“土匪！”小姨忍不住捶了他一下，两个人有说有笑地走进家门。

让我们想一想

★在朋友家玩到太晚，会有什么麻烦？

★如果不小心在外面玩到太晚了，或超过约定的时间，该怎么做？跟父母讨论讨论。

★什么样的出租车绝对不能坐？

★一个人坐出租车，哪个位子最安全？为什么？

★你知道出租车公司的电话吗？记下几个，万一真的有需要，电话叫车还是比较安全！

知识补给站

★搭乘出租车时要注意的安全事项

上车前：

- 尽可能选择电话、网络或手机软件叫车服务。如果有需要，也可以请附近的派出所执勤人员帮忙叫车。
- 不搭乘特意改装、窗户视线不明、车号不清的车辆。
- 尽量找顺路的同伴一起搭乘。上车前，最好请一旁的亲友帮忙记下车号、车型外观和驾驶人资料。
- 如果车窗开关和车门把手有脱落的情形，应避免搭乘，还要确认车子里没有藏匿其他人。

上车后：

- 辨识营业登记证上的照片是不是司机本人。
- 默记车牌号、司机姓名，并注意行车路线。这样，如果司机绕路或有不良企图，就能及时发现、应对。
- 万一发现司机有喝酒、言语不正常或其他异常行为，要想办法赶快下车。
- 车窗尽量不要紧闭，遇到紧急情况时方便对外呼救。
- 最好坐在驾驶正后方的位置，这样司机看不清楚你在做什么，也就无法防备你的“逃跑计划”。
- 不要和司机聊家人的生活作息、经济状况等内容。

我被绑架了

早上，王校长和教务主任脸色凝重地站在五（7）班门口，和五（7）班的班主任说话。教室里，学生们也交头接耳说个不停。看样子，出了大事。

果然。昨天放学以后，文艺委员信弘留下来帮老师布置教室，5点半才回去，没想到才出校门就被一辆银灰色的越野车拦住。保安听到信弘喊救命，跑出去看的时候，信

弘已经被拖上车了。保安说那辆车没有牌照，右后方的灯罩破了，周围的漆也剥落了一些。

班长说，信弘前几天跟他聊天，说好像有人跟踪他，没想到真的是绑匪。

大家都很害怕，担心信弘会被“撕票”。

班主任安慰大家：“信弘向来机警，不会有事的！”还说歹徒这一两天一定会出现，要大家提高警觉，不要瞎猜，遇到可疑的情况随时向他报告。

班主任猜得没错，当天下午，歹徒就打电话给信弘的家人，要求他们准备100万元的赎金。

隔天中午，歹徒又来电话，和信弘的父

亲约好付款地点。可不到半小时，电话又响了，这回竟然是信弘！信弘说他已经逃出来了，现在在郊野公园前面的一家便利店里。

信弘的父亲连忙和警察一起把信弘接了回来。

信弘一身狼狈，从头到脚脏兮兮的，不过总算没有受到什么伤害。

信弘惊魂甫定，便告诉警察："绑架我的有两个人，都戴眼镜，其中一个四方脸的会说客家话，而且开口闭口就说'没救了'，另一个又矮又胖，四方脸叫他'猪仔'，'猪仔'的普通话很烂。"

警察听了，立刻从查找出来的可疑对象照片中，挑出五六张叫信弘指认。信弘一眼就认出那个四方脸——他是当地的不良分子，上个月到信弘爸爸的餐厅去勒索，但没有得逞。

信弘又说：“他们把我拖上车以后，就用毛巾蒙住我的眼睛，不过没走多远，就到了一个满地泥巴的地方，又走进一间地下室。进去以前，我闻到猪粪的味道；而且，那里每隔不久就有很大的飞机声。今天早上，他们又把我带出去，我沿路听到流水的声音。下车后，他们又推我上了一段斜坡，把我绑在一棵大树下就走了。我踢掉鞋子，用脚指解开脚踝处的绳结，再挣扎着松绑、下山，大概跑了半个多钟头，就看见郊野公园了。”

警察根据信弘提供的资料，判定绑匪可能藏匿在城南河畔的废弃养猪场或河流上游一带，于是立刻展开搜索，果然在绑匪措手不及的时候逮捕了他们。

信弘回到学校以后，同学们立刻兴奋地围着他，听他大谈历险记。信弘比手画脚地说："我被他们拖上车以后，只要一动就挨打。我想'好汉不吃眼前亏'，就安静下

来，默默地记住他们的口音、口头禅，还有四周特殊的声音、气味等。告诉你们，警察就是根据这些破案的！”

“哇！你好厉害！”同学们都叫起来。

“不过我爸爸也很厉害，他一得到消息就马上报警，并把他知道的所有可疑的人全部告诉警察，他们还追踪到绑匪的电话，打算在付钱的时候逮住他们。结果啊！我自己

先逃回来了。”

信弘越说越得意，同学们也七嘴八舌地评论着。突然，班长大叫起来：“完了，完了，等一下要考语文，我还没复习完，要吃眼前亏啦！”同学们听了，也“哎呀哎呀”叫起来，纷纷回到座位捧起书。

让我们想一想

★信弘刚开始拼命挣扎，后来又乖乖配合，为什么？

★在故事里找一找，警方根据信弘提供的哪些资料很快破了案？

★绑匪离开时，有机会逃，可不可以逃？为什么？

带我去爬山好不好

春假期间，姐姐和她的男朋友李哥哥要参加学校的登山活动，小全也想去。

“那种山路，小孩子去恐怕不太安全。”姐姐说。

“才怪！”小全叫起来，“你上回跟爸爸说你们学校举办登山活动时，都会事先派人去勘察地形，并制定好行进时间表，很安全的。”

“可你会乱跑啊！去年就有人因为中途

掉队，迷了路，差点儿饿死在山里。”李哥哥想把小全吓走。

小全连忙发誓一定会紧跟队伍，绝不乱跑。妈妈也来帮腔，姐姐这才勉为其难地答应带小全去。不过，姐姐要小全保证他会全程背自己的东西，不可以说脚酸，不可以叫口渴……

出发前一个晚上，爸爸带小全去买了一个大小适合的背包和一双厚袜子。

“爸，我还要带汽水、薯片、牛肉干、口香糖、饮料……”小全想拉着爸爸去“大采购”。

爸爸摇摇头，说：“你们是去登山的，不是去野餐的！这些东西会让你越吃越渴，通通不要带，只要带妈妈帮你们准备的饭团和一大壶白开水就够了。况且背包里还要放雨衣、外套等，你不怕累死吗？”

小全想了想，爸爸说得很有道理，就不再争辩了。

爸爸还要小全穿长袖、长裤和一双鞋底纹路较深的运动鞋，并在小全的脖子上挂了一个小哨子，交代小全万一走失，千万不能乱跑，务必留在原地，每隔5分钟吹三声哨子等救兵。

果然，鞋底深纹路的运动鞋让小全爬起山来健步如飞，比姐姐还快；穿越树林草丛的时候，长袖长裤保护了他的手脚；看见漂亮的虫子和奇花异果，小全也遵照爸爸的嘱

咐——只看不摸，以防中毒。

快中午的时候，突然有人大叫：“有人不见啦！”

长长的队伍立刻停下来。原来有两个女生中途找地方“方便”，过了半个多钟头还没赶上来。

领队立刻吩咐大家在原地休息等待，又问“押队”的副领队为什么不等她们。副领队一脸委屈地说：“她们一直叫我先走，我怕她们以为我要偷看，只好先走啦！”

大家听了都哈哈大笑起来。可是，领队笑不出来，他先打电话试图联络那两个女生，但山区信号很差，手机都打不通。于是，领队带了两个登山老手返回去找，还再三交代大家留在原地，每隔5分钟吹三声哨子联络。

大约过了一个钟头，领队总算把她们找回来了，原来她们两个走错了路还不知道，差点儿就要发生山难了。

队伍中，有人因为鞋子太尖，脚掌都磨得起水泡。也有人拼命吃零食，渴得四处讨水喝。而小全呢，他只

是紧紧地跟在姐姐和李哥哥身旁，没有惹任何麻烦。

有人开玩笑地问姐姐和李哥哥：“你们怎么带了个‘电灯泡’？”

李哥哥笑着回答：“这种电灯泡一点儿都不麻烦，带着还真省事呢！”

当然，以后的登山活动，他们都愿意带小全去了。

让我们想一想

★“登山”和“野餐”要准备的东西有什么不同?

★没有人知道路的登山探险活动能参加吗?为什么?

★登山时，什么样的装备最理想?

★登山时，如果发现自己迷路了，该怎么做呢?

★万一你真的在山上迷路了，又无法联系上别人，怎样寻找饮用水和食物?怎样防止体温过低?又怎样做记号使别人能比较容易找到你呢?

知识补给站

★爬山的基本穿着

- 能盖到颈部的帽子。
- 即使天气很热，也要穿长袖长裤，这样才能避免被蚊虫叮咬或被草叶割伤！
- 要穿舒服、厚底而且纹路深的鞋子，最好穿一双厚袜子，这样才能保护双脚不被磨破！
- 背包一定要是后背式的，这样才不会妨碍自己的行动。

★爬山安全守则大公开

- 服从领队的指示，随时留意自己及队友的身心状况。
- 队伍不要拉太长，保持可以前后呼应的距离。

- 遇到陡峭的地形，千万不要为了冒险强行进行攀越！
- 山区的空气比较稀薄，要尽可能维持稳定的步伐和呼吸的频率，不要忽快忽慢。
- 沿途标示记号，或依照前人所留下的记号辨别方向。
- 随时留意周遭环境，避免被蛇、蜂类等动物蜇咬。
- 万一真的迷路了，要保持镇静，不要乱跑，并且每隔一段时间就吹哨子显示自己的位置，这样才不会发生意外！有手机的话，要赶快拨打110报警。

作者的话

真正落实安全教育

可白

很久以前，当“木栅之狼”疯狂作案、“电梯之狼”四处肆虐、妇女儿童人心惶惶的时候，我们社区附近的小公园也出现了一匹“狼”。这匹“狼”常在放学时段骚扰并企图诱拐小学生，引起社区妈妈们的公愤。大家像被激怒的母鸡，一个个赶在孩子放学之前，提着长柄伞到公园巡视，希望能逮到那匹“狼”，当场“给他好看”。只是，风声一紧，那匹“狼”就不敢再现身了。

在参与“猎狼”的日子里，我一方面用调查员的心态研究每一个嫌犯可能作案的方式，另一方面也将自己比作那匹“狼”，寻找最容易下手的对象。这个时候，我才惊觉孩子四周竟是如此危机四伏，而他们却都没有能力招架。因此，我害怕得几乎不敢让孩子出门了。

但是，该面对的还是要勇敢面

对。几经挣扎、调适，我终于领悟到：保护孩子最好的方法是教他们如何保护自己。于是，我开始搜集整理这方面的资料——从危机处理、急难应变、面对骗局的应对之道到小朋友能用得上的防身术，再用小朋友能接受的方式逐一发表，完成《保护自己有绝招》专栏，先后在各大日报发表。

《保护自己有绝招》里面的故事，多半是血淋淋的儿童社会新闻。为了不让小朋友害怕，我尽量将它淡化、趣味化，并让这些受害者在运用绝招之后一一脱险，反败为胜。小朋友看得津津有味，直呼过瘾时，我的心情却始终不安。

喜欢刺激的小朋友，可以把《保护自己有绝招》当成趣味故事看，也可以改编成剧本在教室演出。家长和老师不妨以严肃的心情、轻松的态度，参照各自不同的生活环境，和小朋友共同讨论。只要有一个小朋友因为学会其中的某个绝招而在某一次突发事件中救了自己，我的心血就不算白费。

出版这些故事，我有很深的感触，因为列举状况说故事只是一种引导，我的最终目标是帮助孩子擦亮双眼，懂得随机应变——这不是我一个人的力量所能做到的，要靠所有的家长与老师，把压箱法宝全拿出来，教给身边的小朋友。如此，安全教育才能真正落实。

在此我要感谢那些与我素昧平生，却选择此书的父母和老师们，他们是如此热心，为保护自己的孩子，也为保护别人的孩子而努力着。

很高兴这套书得以出版，得以为更多的孩子提供帮助。我们一起继续努力吧！

小学校长　邢小萍

很佩服可白老师，3本书48个精彩的故事，涵盖了生活中细微的安全常识和技能。每个故事结束后，还提出几个关键问题让孩子思考：学到了什么？碰到类似状况要如何应对？有些故事还附有“知识补给站”，让孩子扩大学习的范围，真是超级实用！在现代化社会，“教孩子保护自己”不可或缺，让我们一起重视并通过故事来提升孩子的安全保护能力！由衷推荐这套《保护自己有绝招》！

新闻主播　哈远仪

日常生活中，难免遇见大大小小的关乎我们生命安全的问题，可是不见得每个成年人都能想出应对的好办法！《保护自己有绝招》这套书提供的绝招非常实用。不管您是小朋友还是成年人，想学习自保或教孩子防身，这套书是我心中性价比最高的安全教育教材，推荐您也来学几招！

专栏作家　陈来红

我同意保护孩子的最好方法是教他们如何保护自己。可又不禁迷惘，一只"小鸡"就算非常善于应对，又如何能应付得了"老鹰"呢？

这样的悲观是想提醒父母，在孩子未成年之前，什么年龄可以独处在什么环境；什么状况不适宜让体力柔弱、智慧未开的孩子单独面对。如果缺乏这样的思考，会非常危险，也是不负责任，甚至违反《未成年人保护法》的。对于还没有如此警觉的父母，本书提供了父母与子女讨论的情境，万分难得。